U0302651

哇！动物真奇妙

你能发现我吗？

[法] 文森特 · 阿尔诺伊 / 著
[法] 斯扎伯克斯 · 柯爱义 / 绘
李檬 / 译

四川文艺出版社 | 凤凰阿歌特 hachettephoenix

山鸡

当你捉迷藏的时候，
如果伪装得好就不会被发现。
动物也是如此。
它们通过伪装把自己藏起来。
母山鸡趴着看起来和枯树叶一样，
狐狸就不会发现它。
你能找到它吗？

山鸡

母山鸡的羽毛颜色和枯树叶一模一样，连图案都很像。

公山鸡恰恰相反，它身上的羽毛颜色鲜艳，还有一条笨重的尾巴，用来吸引母山鸡的注意。

因为公山鸡羽毛颜色鲜艳，当它想悄悄离开的时候，也很容易被发现，所以，它只能躲在树下面。

孵蛋的母山鸡不能像公山鸡那样随意走动，不然蛋就可能被偷吃掉，所以，它必须一动不动地把自己隐藏起来。

臭虫

你身边是不是有很多绿色植物?
绿色是叶绿素的颜色,
它能利用光能,
生产植物所需的营养。
有很多动物也是绿色,
这样就能很好地藏在树叶中。
你能把这张图里的臭虫找出来吗?

臭虫

看，它藏在这里！其实很好辨认，因为它的身体像盾甲一样。它靠吸取这些植物的汁液过活。

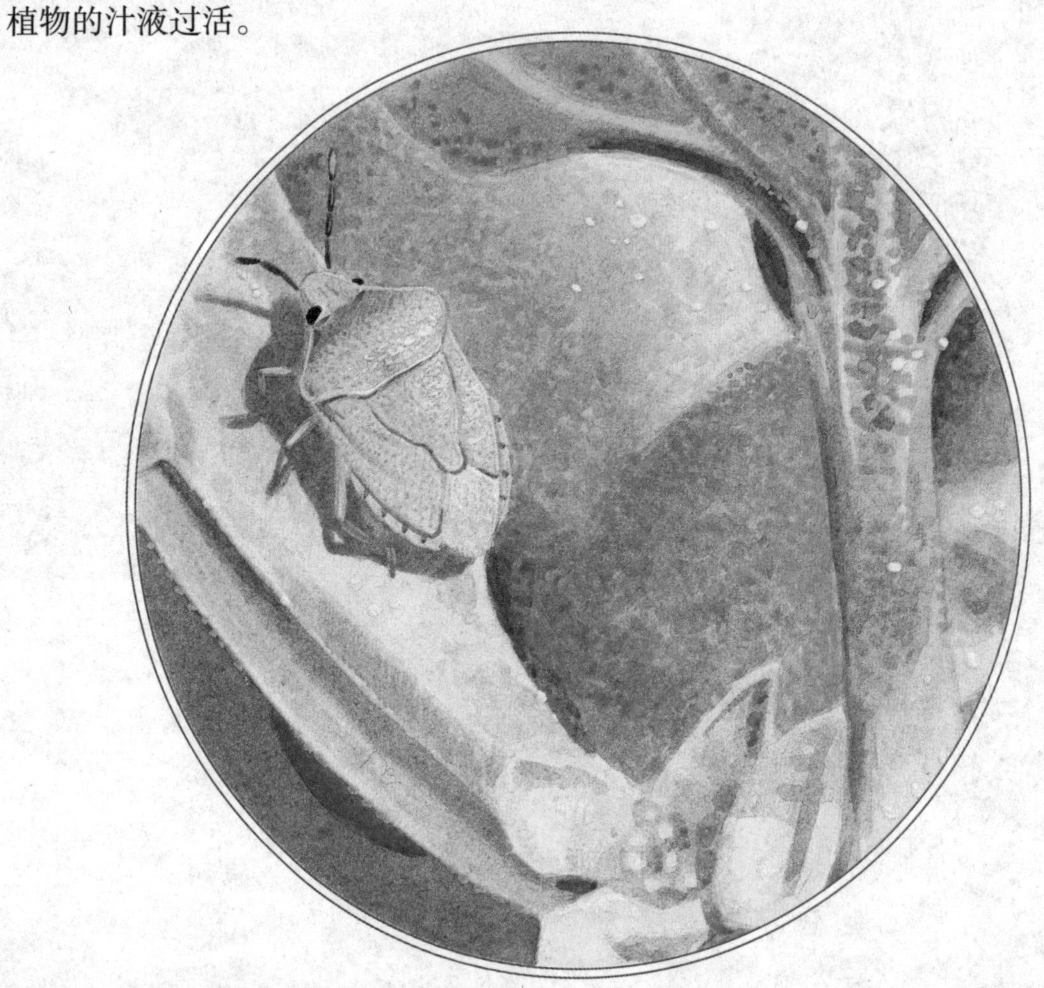

冬天，大部分植物枯萎，大自然中的绿色越来越少，灰色越来越多。因此，臭虫也由绿色变成了灰色，这样它又能悄悄躲起来。

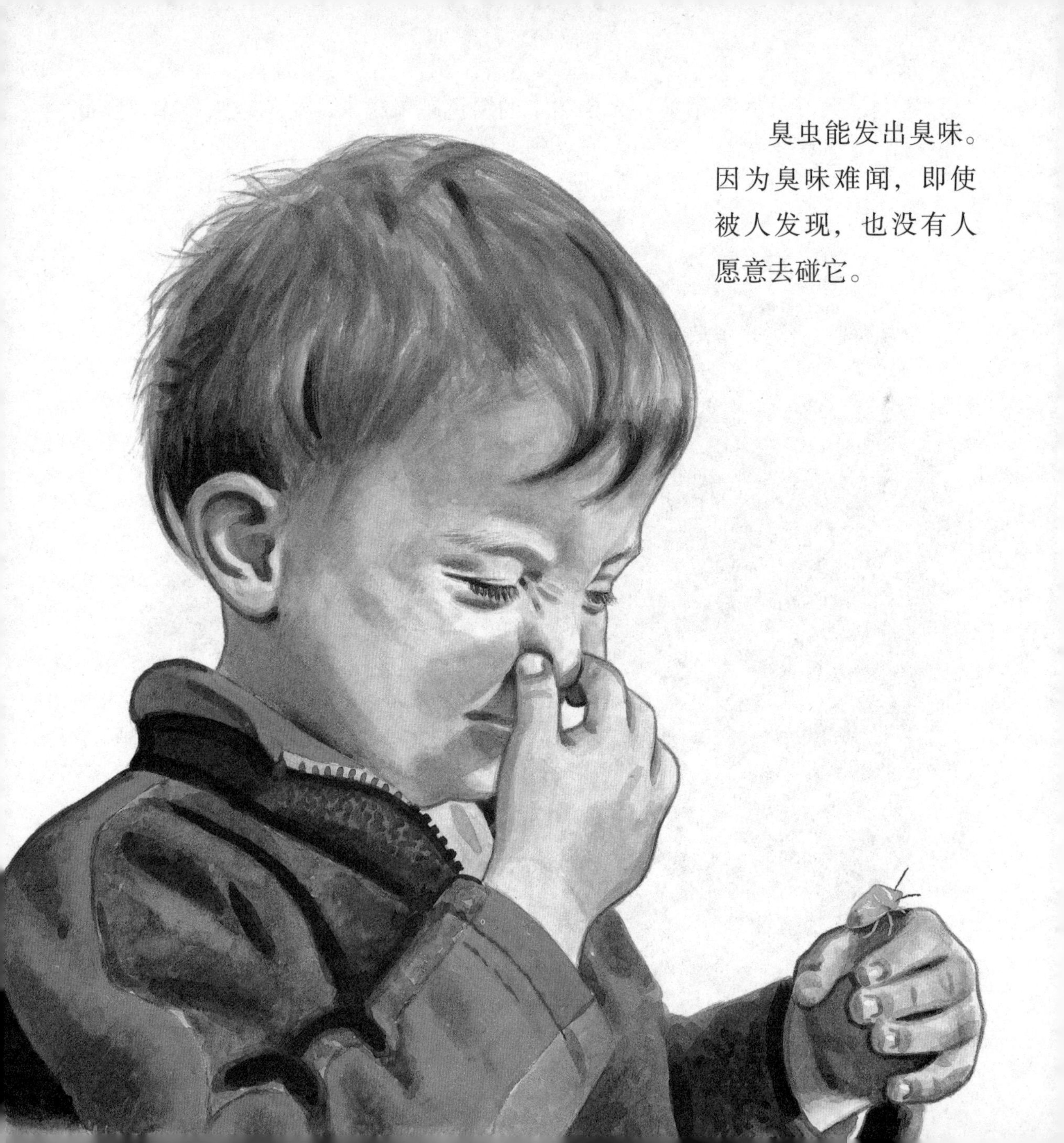

臭虫能发出臭味。因为臭味难闻，即使被人发现，也没有人愿意去碰它。

丑虫

丑虫是臭虫的近亲，但没有变色的本领。看，它长着红黑色条纹，很容易被发现。不过它的气味很臭，其他动物都远远地躲着它，鸟类也不会攻击它。

白鼬

土地和枯叶都是棕色的。
如果想躲藏在这里，
最好有一身栗色的皮毛。
白鼬就有！
快把它找出来吧。
嘘，它的尾巴是黑色的。

白鼬

白鼬有一身栗色的皮毛，当它捕食田鼠时，就可以悄悄行动而不被发现。

冬天，大雪覆盖地面，白鼬一身栗色的皮毛又变成了白色，看起来隐藏得不错，但尾巴上的颜色却出卖了它。

熊

棕熊的皮毛一直都是栗色的。冬天的时候，它会去树洞里冬眠，所以不用变成白色把自己隐藏起来。

北极熊生活在白色的浮冰上，它的皮毛一直都是白色的，即使在夏天也不变色。在捕食的时候，海豹等猎物就很难发现它。

桦树上的蛾子

为了躲避鸟类，

树干是虫子们最理想的庇护地。

蛾子是一种夜间活动的昆虫。

白天它都贴在桦树树干上，

几乎一动不动。

快来找一找树干上的蛾子吧。

桦树上的蛾子

蛾子白底黑条纹的翅膀和树干的纹路非常相似，这样就形成了天然的掩护。

然而，在工业污染严重的地区，白翅膀的蛾子已经灭绝。因为树干被污染后都变成了黑色，它们就很容易被鸟类发现。

当受到的污染慢慢减少时，树干又回到了以前的白色。这时轮到黑翅膀的蛾子危险了，它们更容易被鸟类发现。

沙漠中的蜥蜴

沙子有白色的、黄色的、灰色的，
甚至还有红色的。
蜥蜴是浅灰色的，
这样就能很好地藏在沙漠中。
你能发现它藏在哪里吗？

沙漠中的蜥蜴

看，蜥蜴的颜色和沙漠的颜色非常相似，它皮肤上的小斑点也很像沙漠中的小沙粒。

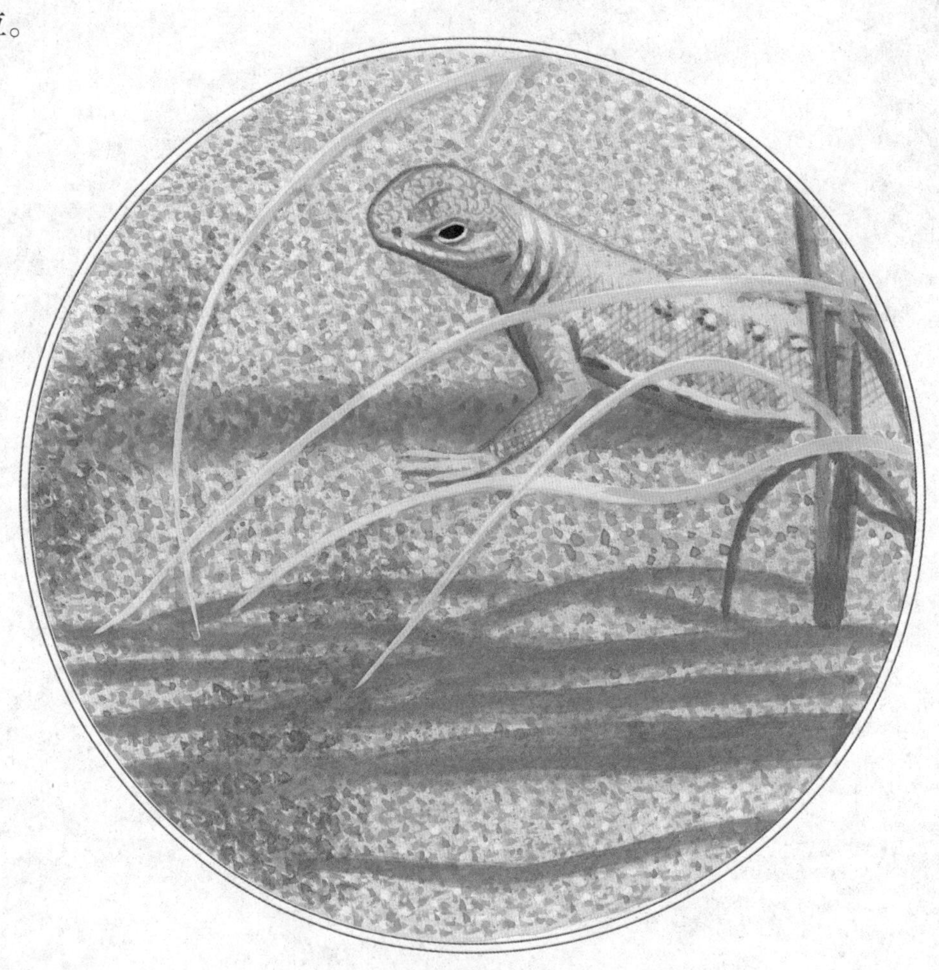

生活在砾石中的蜥蜴，颜色要深很多，斑点也会多一些，这是为了和石头的颜色融为一体。

长耳狐

沙鼠

长耳狐是生活在撒哈拉沙漠里的一种狐狸。它专门吃沙鼠—— 一种像袋鼠一样能跳跃的老鼠。它们两个的皮毛都是浅栗色的，这样白天活动时，就能很好地隐藏起来。

蟹蛛

和身边的环境颜色一样，
就很容易隐藏起来。
但如果环境颜色经常变化呢？
蟹蛛有一个奇特的招术，
能根据环境颜色的变化而变化。
埋伏好之后就等着苍蝇或者蝴蝶自投罗网啦！
你能在图片中找到它吗？

蟹蛛

蟹蛛会变成它身边花朵的颜色。蟹蛛长时间待在白色的花朵里，就变成白色，如果待在黄色花朵里，就变成黄色。

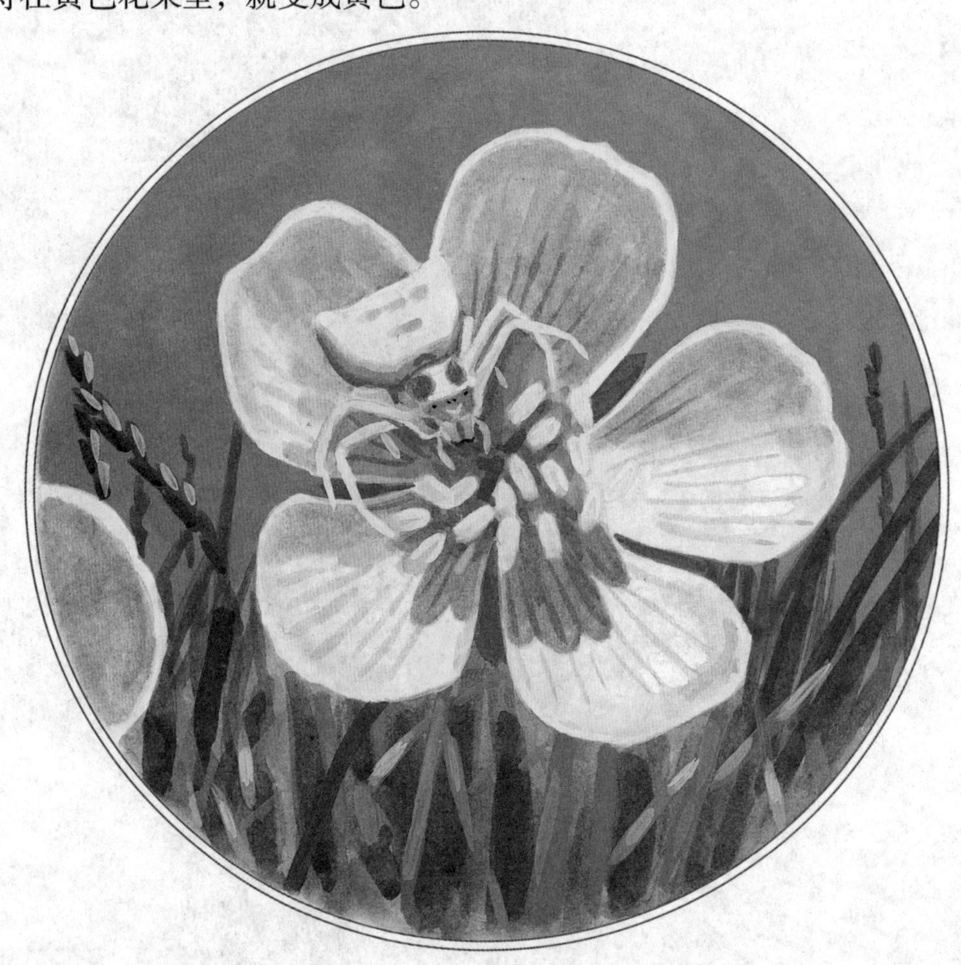

蟹蛛躲在花朵里面，不仅是为了躲避小鸟，更是为了不引起昆虫们的注意，以便它顺利捕食。

当蟹蛛离开枯萎的黄色花朵、刚开始爬上紫色花朵时，它的颜色立刻就显眼起来。昆虫们一旦发现它，就会提高警惕。

别担心，只要几个小时，蟹蛛就会变成紫色，完完全全地躲在花朵里不被注意啦！

变色龙

蟹蛛需要几个小时才能变色，

变色龙却能瞬间变色！

它可以随时随地快速变色！

你能在图画中找到它吗？

变色龙

变色龙是生活在灌木丛中的一种蜥蜴。

它的尾巴可以蜷成一团，也可以挂在树枝上，以防意外坠落。当它从树叶跳到树干上时，能瞬间从绿色变成棕色。

完美的伪装让变色龙成为捕食高手。它可以在猎物毫无戒备的情况下靠近它们，再伸出长长的舌头粘住并杀死猎物。

变色龙甚至可以变成同类的颜色。为了找到伴侣，公变色龙也会变成鲜艳的颜色，引起母变色龙的注意。

老虎

对动物来说，
光线和颜色一样重要。
丛林中的树叶反射太阳光，
营造出斑斑驳驳的效果。
孟加拉虎的皮毛也能做到这一点。
你能在图画中找出老虎吗？

老虎

老虎身上有一道道黑色的条纹，就像光线折射后的阴影，这样老虎的轮廓就模糊了，从而很好地掩护了自己。

老虎小心翼翼地躲在草丛中，在光影的掩护下，慢慢靠近一只赤麂。

距离赤麂仅几米远时，老虎用尽全力扑了过去。赤麂跑不掉了，老虎有力的爪子和锋利的獠牙，不会给它任何逃脱的机会。

西伯利亚虎生活在白雪覆盖的地区，它的皮毛上也有黑色条纹，但是颜色相对要浅得多。

多宝鱼

有时候改变颜色也不足以隐藏自己，

这时就需要改变身体形状。

依靠保护色和扁平的身体，

多宝鱼可以紧贴水底，

潜伏在砂石中。

你能从图片中找到它吗？

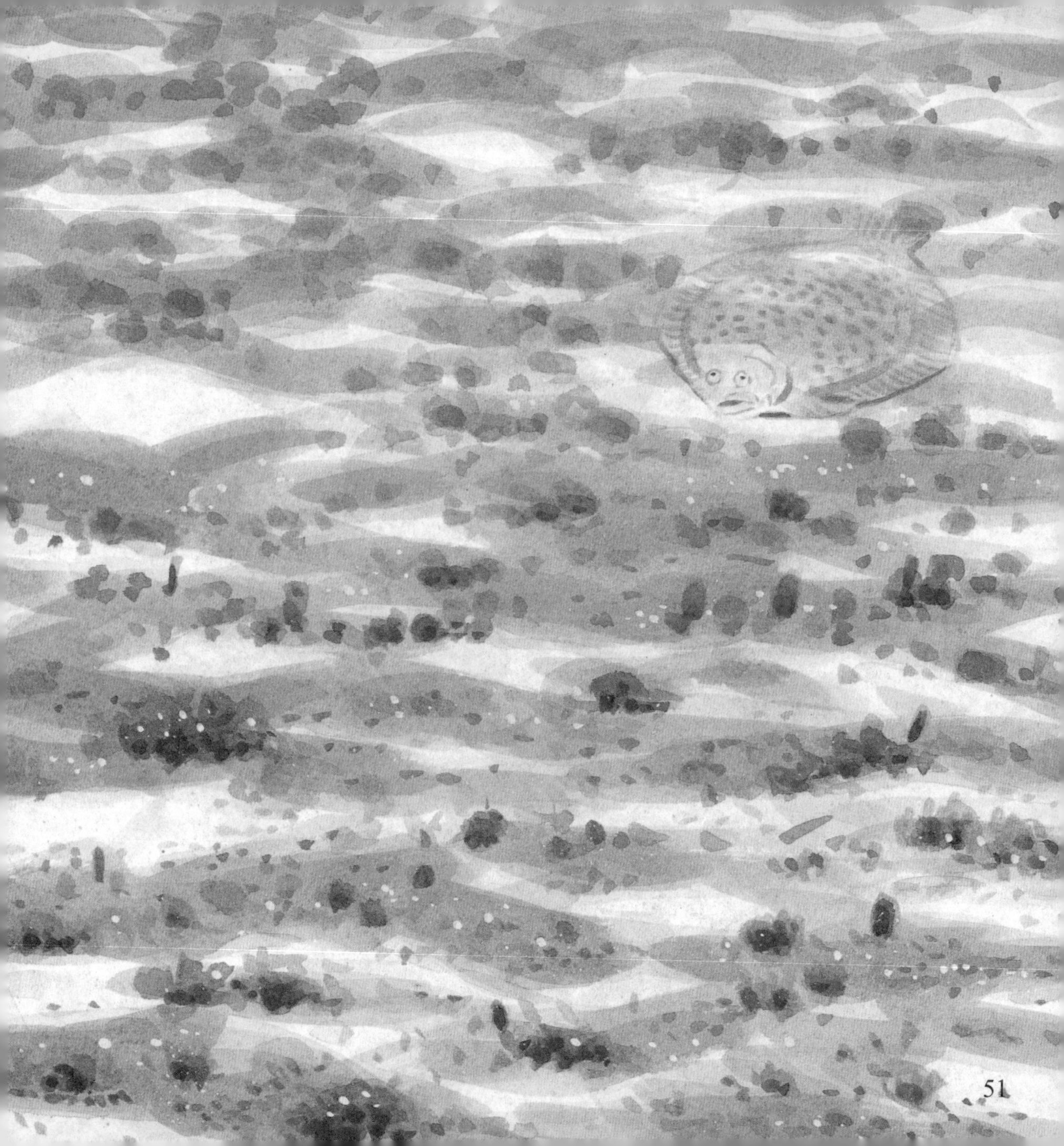

多宝鱼

多宝鱼又叫欧洲比目鱼，它身上的花纹和颜色，和所处的海底环境一样。

多宝鱼的脑袋非常有趣，它的两只眼睛都长在脑袋顶部。你看到的背部实际上是它身体的右半边，它的胃在左半边。

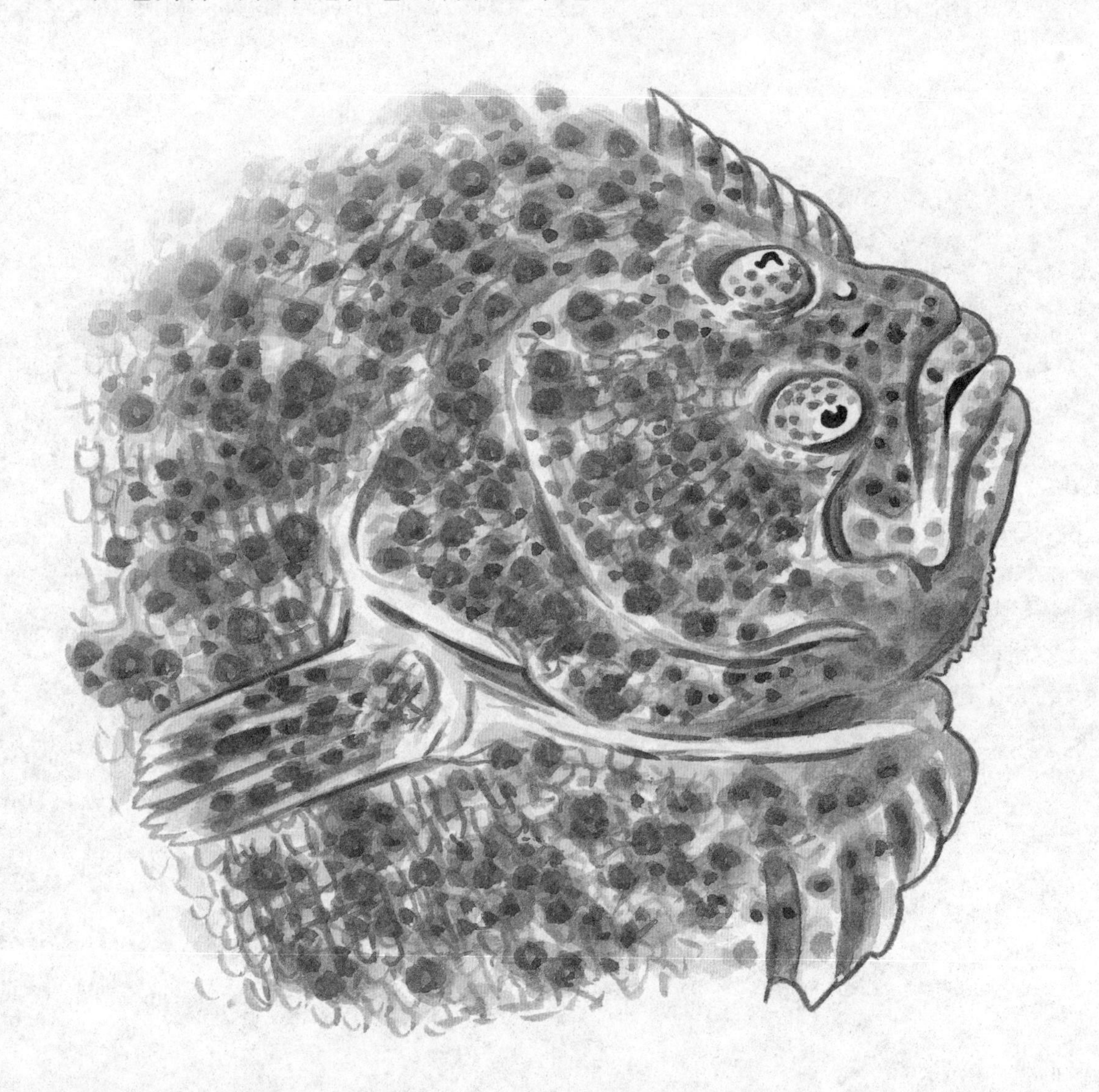

多宝鱼刚出生的时候，和普通的鱼一样，两只眼睛分别长在脑袋两侧。

成年时，多宝鱼的身体便发生了变化。它开始变扁，右边的眼睛开始渐渐倾斜，最后挪到左边。这样多宝鱼可以趴在海底隐藏自己。两只位于脑袋顶部的眼睛可以帮助它看清前方。

叶虫和竹节虫

一些动物伪装得非常好，
它们不仅仅能模仿植物的颜色，
还能模仿植物某一部分的形状。
叶虫像树叶一样，
竹节虫像树干一样。
你能在图中找出叶虫和竹节虫吗？

叶虫

叶虫和竹节虫是近亲，叶虫的身形更加扁平。它很像毛毛虫常吃的一种树叶。

竹节虫

竹节虫身体细长，像长长的圆筒。当它把爪子伸长时，看起来就更长了。它看上去更像是一根树枝，而不是一种昆虫。

还有一些昆虫也掌握了这种技巧，比如柠檬蝴蝶。冬天时它待在灌木丛中一动不动，看起来就像一片枯萎的树叶，甚至连翅膀上的纹理都跟树叶很像。

柠檬蝴蝶

当天气转暖时，柠檬蝴蝶开始飞翔。鲜艳明亮的颜色真是名副其实啊。

石头里的植物

沙漠的颜色基本上就是石头和沙子的颜色。
如果植物的颜色在沙漠中很显眼，
就很容易被吃掉。
为了不被吃掉，
生石花把自己隐藏在石头中！
你能找到它吗？

生石花

它没有茎，只有两片叶子。叶子看起来就像两块小石头，是用来储存水分的。

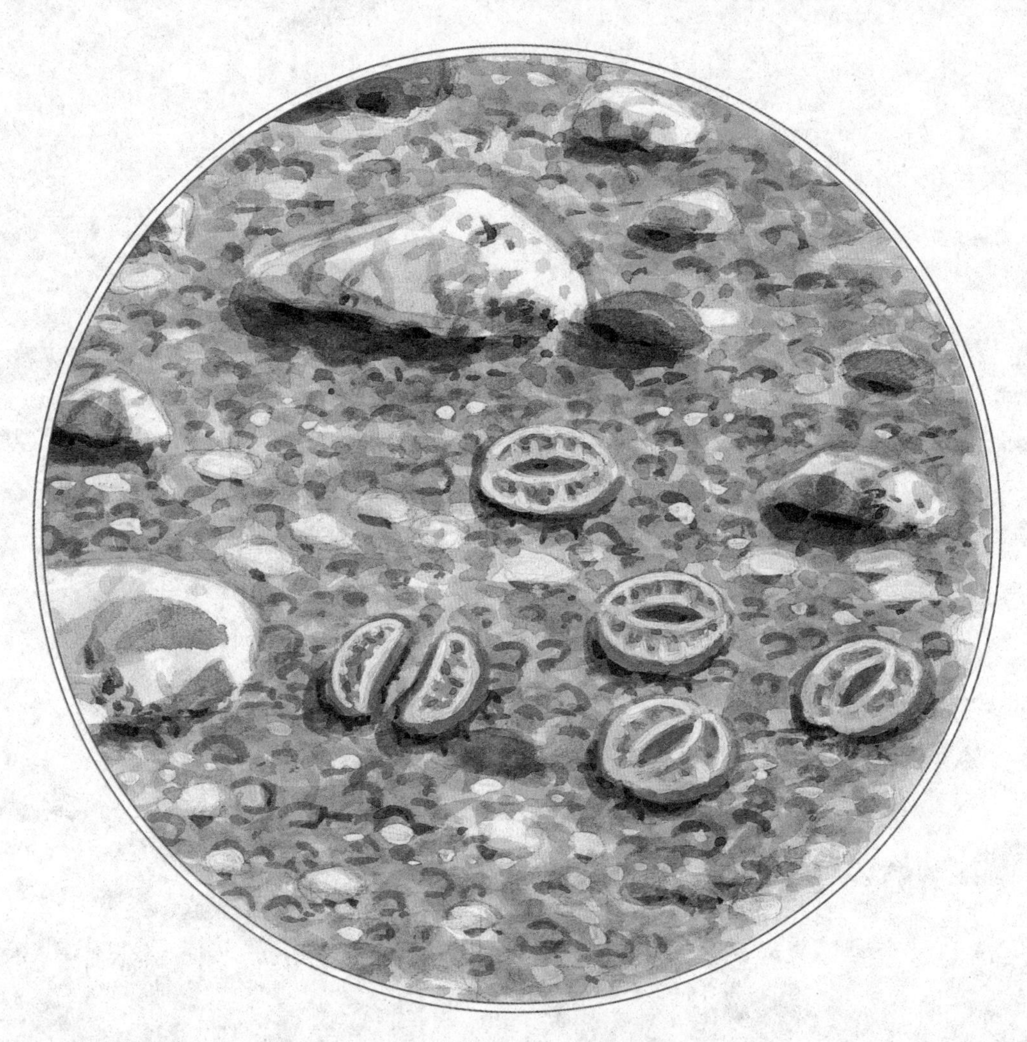

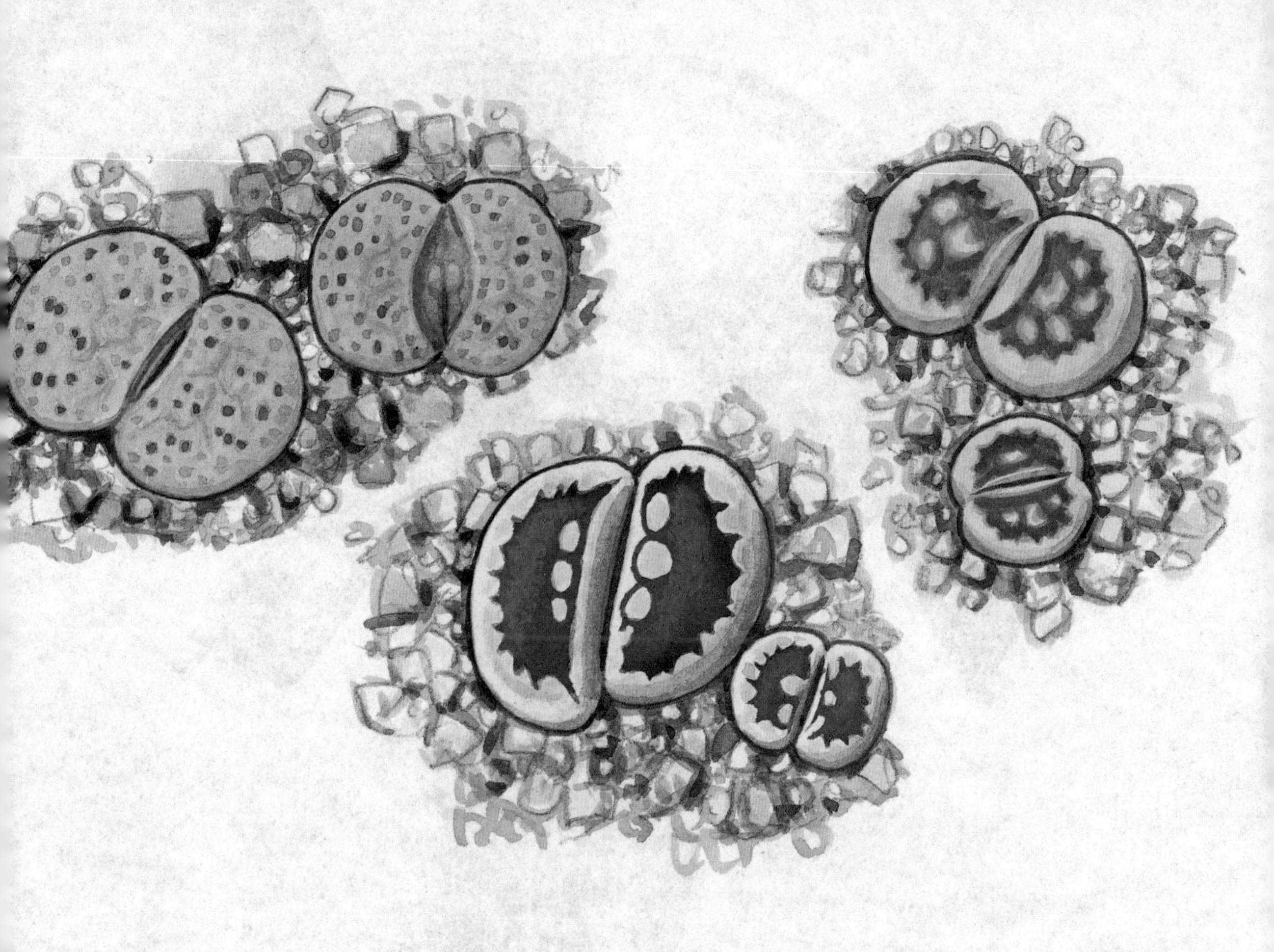

纳米比亚生长着各种各样的生石花。根据地区的不同，它们的形状和颜色也不同，有浅绿的、浅红的和浅黄的。

将要开花时，生石花看起来就像一棵植物了。一根茎从叶子中冒出来，长到几厘米后就形成花蕾。很快，一朵颜色亮丽的花儿便盛开了。这个过程十分神奇，但持续时间很短。

观察野生动物

野生动物害怕人类，
当它们感觉到人类的存在时，
便四散而逃。
如果我们想观察野生动物，
该怎么办呢？

观察野生动物

观察野生动物的人就藏在帐篷里面。你发现了吗？他的相机倒是很容易被找到。

如果你在野外散步时，穿着颜色鲜艳的衣服，那么，小动物就会逃得远远的，你将无法观察它们。

如果你想观察动物，就要穿黑色、灰色、栗色或是绿色的衣服，走路时也不能发出声音。

在观察时，你还可以藏在树后面或是岩石后面。

你还可以带一顶帐篷，这样观察动物会非常方便。

还有更多更有趣的知识……

一些动物能模仿所处环境的颜色和形状，将自己隐藏起来。

1. 母山鸡的隐身招数是什么?

因为母山鸡需要孵化自己的宝宝，而孵蛋期间即使遇到危险，也不能逃跑。它们的隐身招数就是：把羽毛的颜色变得和周围的枯树叶一模一样，并且待着一动不动。

2. 臭虫会变色吗?

如果你认为臭虫不会变色，那就太小看它们了。臭虫变色的本领很强，它们为了藏起来不被鸟类发现，竟然能变成树叶的颜色——绿色。

这时候，鸟类就需要瞪大眼睛，提高自己的狩猎技术了。

3. 白鼬全身都能变白吗?

当白鼬在雪地里奔跑时，它们的毛皮会变成雪一样的白色，好把自己严严实实地隐藏起来。可粗心大意的白鼬却忘了把自己的尾巴也变一变颜色。所以有时候，它们的尾巴会出卖它们。

4. 聪明的蜥蜴

不同环境里的蜥蜴，它们的皮肤颜色也不同，这样无时无刻都能把自己隐藏起来。这种方法很管用，你也可以试试。比如让自己穿上绿衣服，在有绿色树叶的地方照相；然后再穿上灰衣服，在水泥墙下照相。再比较一下这两张照片，看看都有哪些有趣之处。

5. 变来变去的蟹蛛

蟹蛛总是能变出很多漂亮的颜色。当它爬上红色花朵时，能吸取花朵的红色素让自己变成红色。如果爬上紫色花朵，它就会让自己变成紫色。如果它不能尽快地变色，那就麻烦了，因为红色的蟹蛛在紫色的花朵上，是多么显眼啊。

6. 不惜变形的多宝鱼

在多宝鱼小的时候，眼睛是长在脑袋两侧的。可为了保护自己，它不惜让自己的身体变扁，紧贴海底，这样右眼就开始倾斜，看上去像是长错了地方。这种本领让多宝鱼比其他鱼类更善于保护自己。

7. 像树叶和树枝一样的虫子

你知道什么动物长得跟树叶和树枝一样吗？那就是叶虫和竹节虫。叶虫看起来身形扁长，像一片树叶；而竹节虫却很细长，像一根细树枝。

8. 我们人类也有隐身术

我们不具有与生俱来的伪装能力，但可以学着它们的办法，把自己隐藏起来。比如穿迷彩服、借助帐篷等。

图书在版编目（CIP）数据

你能发现我吗？/ [法] 阿尔诺伊著 ; [法] 柯爱义绘 ; 李檬译. -- 成都 : 四川文艺出版社, 2015.7
（哇！动物真奇妙）
ISBN 978-7-5411-4141-6

Ⅰ. ①你… Ⅱ. ①阿… ②柯… ③李… Ⅲ. ①动物—少儿读物 Ⅳ. ①Q95-49

中国版本图书馆CIP数据核字(2015)第164245号

著作权合同登记号 图进字：21-2015-104

书　　名 你能发现我吗？ NINENGFAXIANWOMA
[法]文森特 · 阿尔诺伊 著 [法] 斯扎伯克斯 · 柯爱义 绘 李檬 译
总 策 划 王立明
特约策划 陈中美
特约编辑 鲁礼敏 刘 可
责任编辑 王其进 武 征
装帧设计 李 冰
出版发行 四川文艺出版社
经　　销 全国新华书店经销
印　　刷 北京龙跃印务有限公司
开　　本 185mm × 185mm 1/24
印　　张 3. 5
版　　次 2015年10月第一版 2015年10月第一次印刷
书　　号 ISBN 978-7-5411-4141-6
定　　价 26.00元

（图书如有印装错误请向印刷厂调换，电话：010-61480644）